essentials

Andreas Rienow · Frank Thonfeld
Anke Valentin

Flächenverbrauch in der Metropolregion Rheinland 1975–2030

Regionaler Landnutzungswandel im Kontext von Klimaanpassung

Andreas Rienow
Bochum, Deutschland

Anke Valentin
Bonn, Deutschland

Frank Thonfeld
Bonn, Deutschland

ISSN 2197-6708
essentials
ISBN 978-3-658-20398-6
https://doi.org/10.1007/978-3-658-20399-3

ISSN 2197-6716   (electronic)

ISBN 978-3-658-20399-3   (eBook)

Die Deutsche Nationalbibliothek verzeichnet diese Publikation in der Deutschen Nationalbibliografie; detaillierte bibliografische Daten sind im Internet über http://dnb.d-nb.de abrufbar.

Springer Vieweg
© Springer Fachmedien Wiesbaden GmbH 2018

Gedruckt auf säurefreiem und chlorfrei gebleichtem Papier

Springer Vieweg ist Teil von Springer Nature
Die eingetragene Gesellschaft ist Springer Fachmedien Wiesbaden GmbH
Die Anschrift der Gesellschaft ist: Abraham-Lincoln-Str. 46, 65189 Wiesbaden, Germany

Was Sie in diesem *essential* finden können

- Einen Überblick darüber, wie räumliche Strukturen und Prozesse sowie die Dynamik der Flächeninanspruchnahme über Fernerkundungsprodukte erfasst und quantifiziert werden können,
- drei Szenarien des zukünftigen Landschaftsverbrauchs in der Metropolregion Rheinland bis zum Jahr 2030,
- satellitenbasierte Beobachtungen zum Einfluss von Landnahmen durch Tagebau und Renaturierungsmaßnahmen auf die Landoberflächentemperatur,
- Aussagen dazu, warum der derzeit beobachtbare Klimawandel das Themenfeld Flächenverbrauch und Landschaftsstrukturwandel insbesondere im dicht besiedelten Raum betrifft.

Vorwort

In Deutschland haben die Siedlungs- und Verkehrsflächen zwischen 1992 und 2015 um fast 22 % zugenommen, wobei aktuell jeden Tag etwa 66 ha Fläche neu in Anspruch genommen werden. Die Zielsetzung des Rates für nachhaltige Entwicklung aus dem Jahr 2002, die Flächeninanspruchnahme in ganz Deutschland bis 2020 auf 30 ha zu reduzieren, scheint bei einem täglichen Flächenverbrauch von 10 ha allein in Nordrhein-Westfalen nicht mehr realistisch, obwohl der deutschlandweite, tägliche Flächenverbrauch von ca. 130 ha im Jahr 2001 inzwischen halbiert wurde. Dennoch wird mittlerweile von der Bundesregierung eine Reduktion der Flächeninanspruchnahme unter 30 ha pro Tag bis zum Jahr 2030 angestrebt. Dass eine Reduktion unbedingt notwendig ist, erkennt man mit einem Blick auf die Auswirkungen von Flächenverbrauch und Flächenversiegelung, zu denen u. a. die Zerstörung von Kulturböden, eine gestörte Grundwasserneubildung und eine Steigerung der Infrastrukturkosten gehören. Letzten Endes schwinden neben über Jahrtausende entstandenen Ressourcen auch Vielfalt und Lebensqualität.

Nordrhein-Westfalen ist durch ein sehr dichtes Netz seiner Städte geprägt, die ein enges räumliches und funktionales Geflecht bilden. Viele der Herausforderungen, denen sich die Kommunen und Kreise stellen müssen, lassen sich effektiv nur durch enge Zusammenarbeit zwischen den Kommunen, Kreisen und Regionen lösen. Seit dem Jahr 2017 verstärken und konzertieren die Akteure im Rheinland ihre interkommunale und regionale Zusammenarbeit unter dem Dach der Metropolregion Rheinland e. V. Gemeinsam soll die Positionierung der Metropolregion Rheinland e. V. in ihren verschiedenen Ausprägungen (Arbeits-, Wohn-, Wirtschafts-, Wissens-, Verkehrs-, Planungs-, Tourismus-, Kultur- und Sportregion) als zusammenhängender und gemeinsamer Lebensraum erfolgen. So kann auch die interkommunale Planung der zukünftigen Flächeninanspruchnahme in der Metropolregion Rheinland koordinierter erfolgen.

Dieses *essential* zeigt auf, wie Erdbeobachtungsdaten und Landnutzungsmodelle die Entwicklung der Flächeninanspruchnahme während der letzten Jahrzehnte darstellen, quantifizieren und in die Zukunft projizieren können. Karten der Landnutzung verschiedener Zeitpunkte können miteinander verglichen werden und helfen somit Veränderungen zu visualisieren. Dabei wird schnell deutlich, wo besonders viel Flächenverbrauch stattfindet. Die Auswirkungen sind nicht nur durch den vielleicht subjektiv empfundenen Verlust ästhetisch anmutender Kulturlandschaften spürbar. Sie resultieren oft auch in funktionellen Störungen des Stoff- und Energiehaushalts und wirken somit sogar auf das Klima. Mit Modellen der zukünftigen Landnutzung können die Effekte unterschiedlicher, räumlich wirksamer Entscheidungen in Szenarien dargestellt werden. So wird verdeutlicht, dass aufeinander abgestimmte – regionale und interkommunale – Entscheidungen gut geeignet sein können, die Zukunft unserer Umwelt klimaangepasst und insgesamt positiv zu gestalten.

Unser Dank gilt den Mitarbeiterinnen und Mitarbeitern des vor mehr als 15 Jahren initiierten Drittmittelprojekts „NRWpro", insbesondere Dr. Roland Goetzke, Dr. Birte Schöttker und Prof. Dr. Gunter Menz (†). Die dort erzielten Ergebnisse waren die Grundlage neuer Ideen, von denen einige in weitere Forschungsprojekte mündeten. Darunter befindet sich aktuell das Projekt „Stadt und Land im Fluss – Netzwerk zur Gestaltung einer nachhaltigen Klimalandschaft" (KlimNet), das vom Projektträger Jülich mit Mitteln des Bundesministeriums für Umwelt, Naturschutz, Bau und Reaktorsicherheit (BMUB) aufgrund eines Beschlusses des Deutschen Bundestags im Rahmen der Deutschen Anpassungsstrategie an den Klimawandel (DAS) gefördert wird. Danken möchten wir ferner Javier Muro vom Zentrum für Fernerkundung der Landoberfläche (ZFL) der Rheinischen Friedrich-Wilhelms-Universität Bonn für die Unterstützung bei der Prozessierung der MODIS-Daten.

Andreas Rienow
Frank Thonfeld
Anke Valentin

Inhaltsverzeichnis

Hintergrund 1

Die Metropolregion Rheinland (Abb. 1.1) ist ein Zusammenschluss von 35 Kreisen, Städten und Verbänden im Bereich der Bezirksregierungen Köln und Düsseldorf. Metropolregionen bieten Ansätze für integrierte Strategien der Regionalentwicklung. Sie können Kräfte aus Wirtschaft, Wissenschaft und öffentlicher Hand bündeln, städtische und ländliche Räume vernetzen und regionale Projekte zur nachhaltigen Entwicklung umsetzen. Die Flächenansprüche sind gerade in den Ballungsgebieten von Metropolregionen groß und bringen Nutzungskonflikte mit sich; die Nachfrage nach Wohnraum und Flächen für die Wirtschaft ist enorm, gleichzeitig ist es wichtig, die Lebensqualität auch durch ein Netz von Grünflächen zu bewahren und zu verbessern. Verdichtungsräume und ländliche Regionen müssen sich hier sinnvoll ergänzen (Bezirksregierung Düsseldorf und Bezirksregierung Köln 2016).

Der Metropolregion Rheinland wird ein großes wirtschaftliches Potenzial beigemessen. Demgegenüber bestehen große Herausforderungen bei zukünftiger Infrastrukturplanung, Energieversorgung und Gestaltung unserer Lebensumwelt. Die Nachfrage nach Erholungs-, Wohn-, Verkehrs- und Gewerbeflächen muss abgewogen und sinnvoll in Planungsstrukturen überführt werden. Im Jahr 2002 hat die Bundesregierung ihre nationale Nachhaltigkeitsstrategie „Perspektiven für Deutschland" vorgestellt und darin das sogenannte 30-ha-Ziel formuliert, mit dem die Flächeninanspruchnahme in Deutschland bis 2020 auf maximal 30 ha pro Tag verringert werden soll; inzwischen wurde der Zeithorizont bis 2030 ausgedehnt (BMUB 2017). Flächeninanspruchnahme wird gemeinhin als die Konversion von bisher land- und forstwirtschaftlich genutzten Flächen zu Siedlungs- und Verkehrsflächen definiert (Reuter und Breyer 2008). Umgangssprachlich geläufiger als der Terminus Flächeninanspruchnahme ist allerdings der Begriff Flächenverbrauch

© Springer Fachmedien Wiesbaden GmbH 2018
A. Rienow et al., *Flächenverbrauch in der Metropolregion Rheinland 1975–2030*, essentials, https://doi.org/10.1007/978-3-658-20399-3_1

Abb. 1.1 Die elf europäischen Metropolregionen Deutschlands und die neu gegründete Metropolregion Rheinland e. V. (Bezirksregierung Düsseldorf und Bezirksregierung Köln 2016)

oder Landschaftsverbrauch, da er die negativen Implikationen dieses Prozesses direkt mit einschließt und zu Gegenmaßnahmen auffordert. Zu Siedlungs- und Verkehrsflächen zählen auch nicht-versiegelte Flächen wie Stadtparks oder Golfplätze. Aktuell beträgt der tägliche Flächenverbrauch in Deutschland 66 ha (BMUB 2017). Die Metropolregion Rheinland gehört mit einer Bevölkerungsdichte von ca. 690 Einwohnern pro km^2 zu einer der dichtest besiedelten Regionen in Europa. Der tägliche Verbrauch an Freiflächen für Siedlungs- und Verkehrsprojekte hat zwar in den letzten Jahren abgenommen, lag aber in NRW im Jahr

2011 noch bei 10 ha pro Tag (Hoymann und Goetzke 2014). Die Motive für das 30-ha-Ziel sind sowohl qualitativer als auch quantitativer Natur: Ungestörte Böden als Träger unserer Nahrungsmittelproduktion und Puffer von Niederschlagsvariabilitäten sind eine endliche Ressource, die nur über sehr lange Zeiträume neu gebildet werden kann. Die Landschaftsstruktur ist für die Ökologie von Tieren und Pflanzen eine bedeutende Größe, die für die Existenz und Verbreitung einzelner Spezies entscheidend ist. Die Beanspruchung zusammenhängender Flächen als Verkehrs- oder Siedlungsflächen führt zur Zerschneidung von miteinander verbundenen, unzerschnittenen Lebensräumen und hat vielfältige Auswirkungen auf verschiedenste Biozönosen. Darüber hinaus droht die über Jahrhunderte gewachsene Kulturlandschaft ihre Ästhetik und Eigenart zu verlieren. Ein Wachstum an Verkehrs- und Siedlungsflächen bedeutet vor dem Hintergrund einer schrumpfenden und alternden Gesellschaft auch höhere Instandhaltungskosten für den Erhalt von Versorgungsleitungen, Kanalisation, Verkehrswegen etc. (Hauger 2001).

Die Landschaft und ihre Struktur lassen sich individuell beschreiben, je nach Geschmack und Wahrnehmung. Wichtige Merkmale einer Landschaft sind die Landbedeckung und die Landnutzung. Landbedeckung bezeichnet die Oberflächen auf der Erde, wie zum Beispiel Bäume, Gebäude oder Wasserflächen. Landnutzung bezeichnet demgegenüber, wie diese Oberflächen vom Menschen genutzt werden. Darunter fallen Forste, Parks oder Gewerbeflächen. Informationen über die Landbedeckung und Landnutzung werden von den Ländern in Form von Statistiken vorgehalten, häufig bezogen auf administrative Einheiten. Kleinräumige Heterogenitäten bleiben dadurch häufig verborgen bzw. werden nur deskriptiv dargestellt. Eine Möglichkeit, räumliche Strukturen, Prozesse und deren Dynamik zu erfassen, bieten Fernerkundungsprodukte wie Satellitendaten. Fernerkundung bezeichnet die Erfassung von Informationen über die Erdoberfläche oder auf der Erdoberfläche befindliche Objekte aus der Distanz ohne direkten Kontakt mit dem zu beobachtenden Objekt (Kronberg 1985). Zu unterscheiden sind die terrestrische Fernerkundung, die erdnahe Fernerkundung mit unbemannten Fluggeräten (Remotely Piloted Aerial System, RPAS oder Unmanned Aerial Vehicle, UAV oder Unmanned Aircraft System, UAS), flugzeuggestützte Fernerkundung und Satellitenfernerkundung. Zur terrestrischen Fernerkundung zählen die Messverfahren mit auf Gestelle oder Fahrzeuge montierten Laserscannern (Terrestrial Laser Scanner, TLS), Messungen mit von Personen getragenen Spektroradiometern sowie die Aufnahme mit abbildenden Kamerasystemen (z. B. multispektral, hyperspektral oder thermal), wie sie von der herkömmlichen Fotografie bekannt ist. Bei diesen Verfahren kommen neben Vertikalmessungen auch schräge Messungen zum Tragen. Die Höhe über der Erdoberfläche beträgt wenige Zentimeter bis mehrere Meter (bei Messtürmen). Die erdnahe Fernerkundung mit RPAS erfolgt häufig mit abbildenden Kamerasystemen, nicht selten handelsübliche Modelle. Es werden jedoch auch Spektroradiometer mit geringem Gewicht und kleinen Maßen eingesetzt. Kameras und Messsysteme mit größerem Gewicht, wie z. B. Hyperspektralkameras oder Laserscanner, können ebenfalls eingesetzt werden. In der Regel resultiert dies jedoch in ein hohes Abfluggewicht, das nur mit entsprechender Erlaubnis geflogen werden darf. Die Einsatzhöhe variiert zwischen wenigen Metern und wenigen Hundert Metern. Dabei können bei größerer Flughöhe üblicherweise größere Flächen abgedeckt werden. Geringe Flughöhen erlauben eine höhere räumliche Auflösung bei gleichem Messsystem. Die flugzeuggestützte Fernerkundung unterscheidet sich von den RPAS dadurch, dass der Pilot direkt an Bord ist (Kanellakis und Nikolakopoulos 2017). Flugzeuge können und dürfen in größeren Höhen fliegen und können größere und schwerere Messsysteme transportieren. Deshalb werden flächenhafte Hyperspektral- und Laserscannerdaten (Airborne Laser Scanner, ALS) häufig durch Flugzeugmessungen erhoben. Es werden auch Radarsensoren auf Flugzeugen eingesetzt. Die Flughöhe variiert, liegt bei Hyperspektralkampagnen im Bereich von ca. 2000 m. Die satellitengestützte Fernerkundung wird vor allem auf die Low Earth Orbit (LEO)-Satelliten bezogen, darunter nahezu alle Satelliten zur Erdbeobachtung (z. B. der deutsche Radarsatellit TerraSAR-X, der amerikanische Landsat-8-Satellit und der europäische Sentinel-2-Satellit) sowie die Internationale Raumstation (International Space Station, ISS). Die ISS operiert auf einem relativ niedrigen Orbit in etwa 400 km Höhe, während TerraSAR-X, Landsat-8 und Sentinel-2 in einer Höhe von etwa 514 km (Buckreuss et al. 2009), 716 km (Irons et al. 2012) bzw. 786 km (Drusch et al. 2012) ihre Arbeit verrichten. Auf der bemannten ISS erfolgt die Fernerkundung eher experimentell, da die Konfiguration der ISS die Erdbeobachtung nicht zum Hauptziel hat. Ebenso in den Bereich der satellitengestützten Fernerkundung zählen die geostationären Satelliten wie Meteosat, die in einer Höhe von ca. 36.000 km immer den gleichen Ausschnitt der Erde aufnehmen (Eumetsat 2016). Abb. 1.2 zeigt den Abstand der vorgestellten Systeme zur Erdoberfläche auf einer logarithmischen Skala.

Dank langzeitlich angelegter Programme wie das Landsat-Programm der National Aeronautics and Space Administration (NASA) existieren Bildarchive, die einen Zeitraum von inzwischen mehr als 45 Jahren abdecken. Es handelt sich dabei um Spektralinformationen, physikalisch basierte Messwerte, die sich zu farbigen Bildern kombinieren, aber vor allem wissenschaftlich analysieren lassen. Aktuell nehmen die Satelliten Landsat-7 und 8 alle 16 Tage regelmäßig wiederkehrend, denselben Ort überfliegend, kontinuierlich Daten der Erdoberfläche auf. Ein Aufnahmestreifen ist ca. 180 km breit und hat eine räumliche Auflösung von 30 m. Seit 2015 wird dieses wertvolle Archiv durch das europäische

Abb. 1.2 Fernerkundung in unterschiedlichem Abstand zur Erdoberfläche. Dargestellt sind (von unten nach oben) terrestrische Erdbeobachtung, RPAS, flugzeuggestützte Fernerkundung und Satellitenfernerkundung durch die ISS, TerraSAR-X, Landsat-8, Sentinel-2 und – am weitesten von der Erdoberfläche entfernt – Meteosat

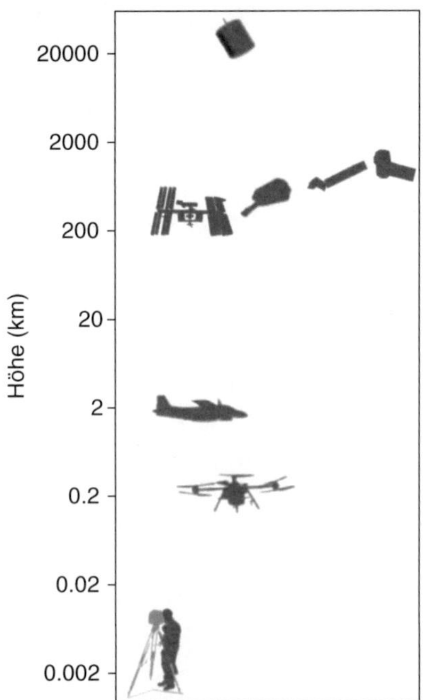

Copernicus-Programm und die darüber bereitgestellten Sentinel-Satelliten ergänzt (http://www.copernicus.eu/). Die kalibrierten Daten lassen sich zu Zeitreihen zusammenstellen und erlauben somit den Einblick in die Dynamik der Erdoberfläche. Veränderungen können quantifiziert und räumlich zugeordnet werden. Um die Informationen, die Satellitendaten liefern, besser verständlich und nutzbar zu machen, werden sie häufig in vordefinierte Klassen zusammengefasst – bei der Analyse von Landbedeckung und Landnutzung entsprechende Landbedeckungs- und Landnutzungskategorien. Räumlich dargestellt geben sie ein vereinfachtes Bild der Landschaft wider, das quantitativ analysiert werden kann.

Dreißig Hektar täglich? Ein Blick in die Vergangenheit und Status quo 2

Im vorliegenden Beispiel wurden Satellitenbilder der Metropolregion Rheinland für 1975, 1984, 2001 und 2015 mit der Methode Random Forests klassifiziert (Breiman 2001, Abb. 2.1). Die aus der Klassifikation entstandenen Landbedeckungskarten unterscheiden dabei Wasser, Acker, Grünland, Laub-, Misch- und Nadelwald, Tagebaue sowie geringen, mittleren und hohen Versiegelungsgrad. Dabei bezieht sich geringe Versiegelung auf einen Anteil von weniger als 40 %, mittlere Versiegelung auf mindestens 40 bis 80 % und hohe Versieglung auf mehr als 80 % versiegelter Flächen pro Pixel (ein Pixel hat eine Fläche von 30×30 m²). Abb. 2.1 zeigt deutlich, wie die Flächeninanspruchnahme das Siedlungsbild in der Region verändert hat. Die versiegelten Flächen nehmen seit 1975 konstant zu, während Acker-, Wiesen- und Weideflächen abnehmen (Abb. 2.1a–d). Die Satellitendatenanalyse der Landschaftskonfiguration in der Metropolregion Rheinland zeigt, dass im Jahr 1975 versiegelte Flächen ca. 126.800 ha einnahmen. Diese haben sich vierzig Jahre später fast verdoppelt und betrugen im Jahre 2015 schon 245.600 (Abb. 3.2). In den Jahren 2010–2015 betrug der tägliche Flächenverbrauch allein in der Metropolregion Rheinland ca. 8 ha. Hier gilt es sich vor Augen zu führen, dass das 30-ha-Ziel im Jahr 2030 für das gesamte Bundesgebiet unterschritten werden soll. Der zunehmende Verbrauch von bislang nicht für Siedlungs- oder Verkehrsflächen genutzten Flächen sowie die Verdichtung von Siedlungsräumen haben nicht nur gravierenden Einfluss auf unsere unmittelbare Lebensumwelt, sie haben auch messbare Folgen für den Strahlungs- und Energiehaushalt und somit für das Mikro- und Mesoklima.

Der eigens zur Beobachtung der Dynamik an der Erdoberfläche entwickelte Satellitensensor Moderate Resolution Imaging Spectroradiometer (MODIS) zeichnet seit 2000 Daten auf. Zu den vielfältigen Produkten, die aus seinen Daten abgeleitet werden, gehören Datensätze über den Zustand von Atmosphäre, Landoberflächen und Ozeanen sowie den Schnee- und Eisflächen der

© Springer Fachmedien Wiesbaden GmbH 2018
A. Rienow et al., *Flächenverbrauch in der Metropolregion Rheinland 1975–2030*, essentials, https://doi.org/10.1007/978-3-658-20399-3_2

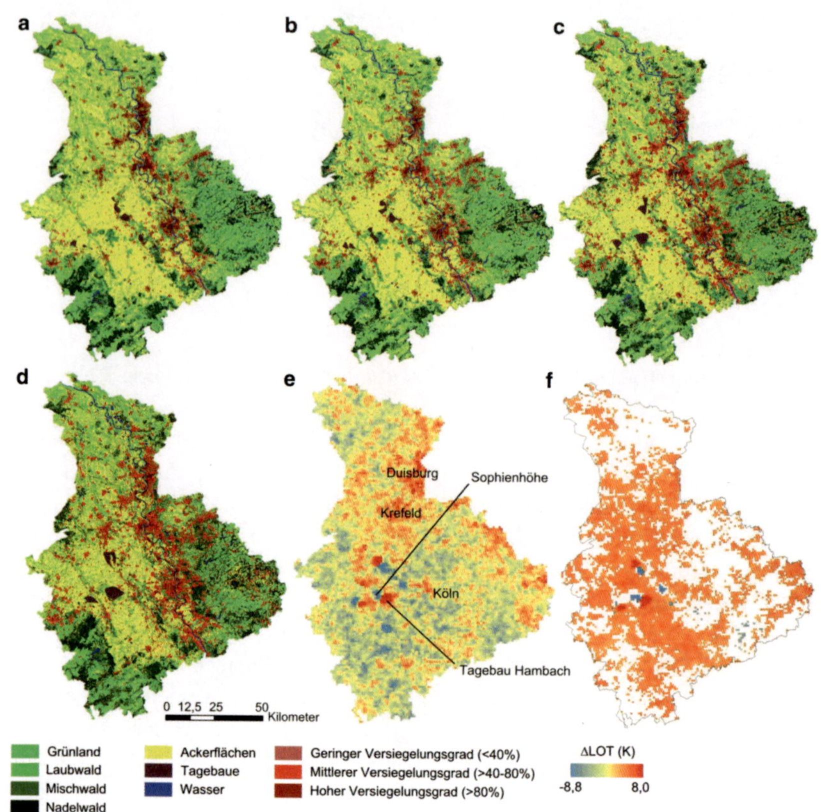

Abb. 2.1 Aus Satellitendaten abgeleitete Landnutzungs- und Landbedeckungskarten für die Jahre 1975 (**a**), 1984 (**b**), 2001 (**c**) und 2015 (**d**) sowie die Veränderung der Landoberflächentemperatur der Monate Juli/August zwischen 2000–2015 (**e**) und die Veränderung der Landoberflächentemperatur im gesamten Jahresverlauf zwischen 2000–2015. (MNULV (**a–c**); eigene Darstellung (**d–f**) auf Basis von Daten der NASA und des United States Geological Survey (USGS). Die Berechnung der Landoberflächentemperatur erfolgte in GoogleEarthEngine (**e**) und der Software R (**f**))

Erde (NASA LP DAAC 2016). Unter den Landprodukten ist auch der Datensatz MOD11A2 mit Informationen über die Landoberflächentemperatur (LOT) und Emissivität. Die Daten haben eine räumliche Auflösung von 1 km und werden als Komposite mit einer zeitlichen Wiederholrate von acht Tagen zur Verfügung gestellt (NASA LP DAAC 2017). Diese stehen zum Download bereit oder können in Cloud-Umgebungen, wie dem für wissenschaftliche Anwendungen kostenfrei nutzbaren GoogleEarthEngine (https://earthengine. google.com/), ausgewertet werden. Durch die Berechnung von Trends kann visualisiert werden, welche Regionen in einem bestimmten Zeitraum eine Erwärmung oder Abkühlung erfahren haben. Hinsichtlich der Benennung von Ursachen für diese Trends sind weitere Analysen notwendig. Da das Muster jedoch räumlich stark differenziert ist, kann davon ausgegangen werden, dass es sich nicht um einen rein klimatisch bedingten, überregionalen Effekt handelt, sondern vielmehr die Ursachen lokal gesucht werden müssen. Die Abbildung der Landoberflächentemperaturtrends der Sommermonate Juli und August über den Zeitraum 2000–2015 (Abb. 2.1e) zeigt einige Hotspots der Erwärmung (rot) und einige Flächen mit einem negativen Trend (blau). Flächen, die keinen Trend aufweisen, sind gelb dargestellt. Statistisch nicht signifikante Bereiche wurden in der gewählten Darstellung nicht ausmaskiert. Bei den Flächen der Erwärmung handelt es sich vorrangig um urbane Gebiete. So sind die Stadtgebiete von Krefeld und Duisburg sowie der Westteil Kölns gut auszumachen. Die meisten der genannten Regionen weisen eine Zunahme des Versiegelungsgrades auf bzw. neu erschlossene Siedlungsgebiete. In der Regel erfolgen derartige Veränderungen auf Kosten von Grün- bzw. landwirtschaftlich genutzten Flächen, die aufgrund der Transpiration der Pflanzen eine kühlende Wirkung haben. Verdichtete Siedlungsräume sind demgegenüber häufig durch eine starke Aufheizung im Vergleich zum Umland gekennzeichnet. Darüber hinaus bilden die neu erschlossenen Tagebaubereiche im Rheinischen Braunkohlenrevier Regionen deutlicher Erwärmung. Dies ist dadurch zu erklären, dass im Bereich der Abgrabungen die Vegetation entfernt wurde und somit der von ihr ausgehende regulierende Effekt auf die Temperatur wegfällt. Im Abgrabungsbereich muss weiträumig Grundwasser abgepumpt werden, was dazu führt, dass Wasser fehlt und die kühlende Wirkung von Evapotranspiration gemindert ist. Außerdem treten im Tagebaubereich weitläufig Sande und Kohlenflöze an die Oberfläche, die sich viel stärker erwärmen als die vorher vorhandenen Acker- oder Waldflächen. Weitere Gebiete, in denen eine Erwärmung der Landoberflächentemperatur stattgefunden hat, befinden sich im Osten des Untersuchungsgebiets Richtung Sauerland. Vermutlich ist die Erwärmung hier eine Folge der Waldschäden und -verluste durch Stürme wie Kyrill in 2007.

Doch wie lassen sich die Flächen mit sommerlichem Abkühlungstrend erklären? Es handelt sich dabei einerseits vorrangig um Flächen, die sowohl 2001 als auch 2015 als Ackerflächen oder Grünland klassifiziert wurden, andererseits um renaturierte Tagebauflächen (Abb. 2.1). Eine mögliche Erklärung für die Abkühlung innerhalb der landwirtschaftlich genutzten Flächen könnte sein, dass sich die Erntetermine zwischen 2001 und 2015 nach hinten verschoben haben, dadurch Felder länger vegetationsbestanden waren und infolgedessen länger eine kühlende Wirkung auf die Oberflächen gegeben war. Ein anderer Grund mag sein, dass anstelle von Wintergetreide, das im Juli bis Anfang August geerntet wird (z. B. Weizen und Gerste), andere Feldfrüchte angebaut werden. Dies könnten beispielsweise Mais oder Zuckerrübe sein, die erst später im Jahr geerntet werden. Die Auswirkung von Landnutzungsänderung auf die Landoberflächentemperatur ist noch nicht vollständig untersucht und zeigt für verschiedene Zeitintervalle unterschiedliche Muster. Während in Abb. 2.1e nur die Trends der sommerlichen Landoberflächentemperatur zwischen 2000 und 2015 dargestellt sind, zeigt Abb. 2.1f die statistisch signifikanten Trends (p < 0,05) für alle Messwerte, d. h. der gesamte Jahresverlauf wurde berücksichtigt. Die Muster sind zum Teil identisch, beispielsweise im Bereich der Tagebaue. Zum Teil unterscheiden sie sich jedoch deutlich. In Abb. 2.1f werden zwei Dinge deutlich. Zum einen beschränken sich die Gebiete mit statistisch signifikantem Trend fast ausschließlich auf urbane Räume und landwirtschaftliche Flächen. Zum anderen deutet der Trend nahezu überall einen Anstieg der Landoberflächentemperatur an – in den landwirtschaftlichen und urbanen Flächen um 2–3 °C. Lediglich einige wenige renaturierte Tagebaue weisen einen markanten Rückgang der Landoberflächentemperatur auf. Dass urbane Gebiete eine ansteigende Landoberflächentemperatur aufweisen, liegt an der Ausweitung und der Verdichtung der städtischen Strukturen. Die Landoberflächentemperaturzunahme landwirtschaftlich genutzter Flächen könnte an zunehmenden Trockenperioden in Frühjahr, Herbst und Winter liegen, wenn Flächen brach liegen und die fehlende Vegetation nicht temperaturregulierend wirken kann. Inwiefern geänderte Fruchtfolgen oder andere Ursachen infrage kommen, wurde hier nicht überprüft. Die Berechnung der Trends in Abb. 2.1f erfolgte mittels der Annual-Aggregated-Trends-Methode mit dem Paket „Greenbrown" (Forkel et al. 2013, 2015) in der freien Software R (R Core Team 2017).

Die kühlende Wirkung von renaturierten Tagebauflächen ist in Abb. 2.2 der langzeitlichen Erwärmung neu erschlossener Tagebauflächen gegenübergestellt. Zur Abkühlung kommt es bereits, wenn sich eine erste Pioniervegetationsgesellschaft auf vorher vegetationsfreien Flächen ausgebildet hat. Diese hat eine regulierende Wirkung auf den Wasser- und Energiehaushalt. Im Laufe des Wachstums und der Sukzession dieser Flächen nehmen Biomasse, Transpirationsleistung und schließlich kühlende Wirkung zu. Die in Abb. 2.2 eingefügten Linien zeichnen einen linearen Trend nach, um die Landoberflächentemperaturentwicklung seit

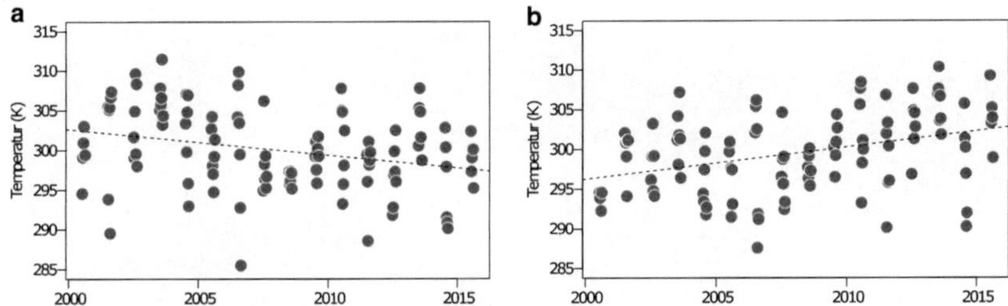

Abb. 2.2 Trends der sommerlichen Landoberflächentemperatur (gestrichelte Linie) für die Sophienhöhe (**a**), renaturierter Haldenbereich am Tagebau Hambach, und für einen neu erschlossenen Bereich des Tagebaus Hambach (**b**). (Eigene Darstellung)

2001 besser herauszustellen. Tatsächlich dürfte es sich zumindest bei der Erwärmung um eher sprunghafte Veränderungen von einem Zustand in einen anderen handeln. Abb. 2.2 zeigt, dass in einem renaturierten Bereich des Tagebaus Hambach auf der Sophienhöhe die Landoberflächentemperatur zwischen 2001 und 2015 um ca. 4,8 K abgenommen hat, während sie im neu erschlossenen Abgrabungsbereich im Tagebau Hambach um ca. 6 K zugenommen hat.

Dass sich Flächenverbrauch insbesondere durch Verdichtung innerhalb von Siedlungsstrukturen, aber auch durch die Neuerschließung von Siedlungen sowie großräumig durch Tagebauaktivitäten äußert, belegt Abb. 2.3. Im unteren Teil der Abbildung (Abb. 2.3c) sind die Veränderungen zwischen 1975 (a) und 2015 (b) in einem Gebiet bei Köln dargestellt. Bei den großen, geschlossenen Flächen veränderter Gebiete im linken Teil der Abbildung (Abb. 2.3c, weiß dargestellt) handelt es sich um renaturierte und neu erschlossene Tagebaue. Die vorrangig im rechten Teil der Abbildung erkennbaren, feingliedrigeren Strukturen sind im Wesentlichen auf Veränderungen im Bereich der Siedlungs- und Verkehrswege der Stadt Köln und ihres Umlands zurückzuführen.

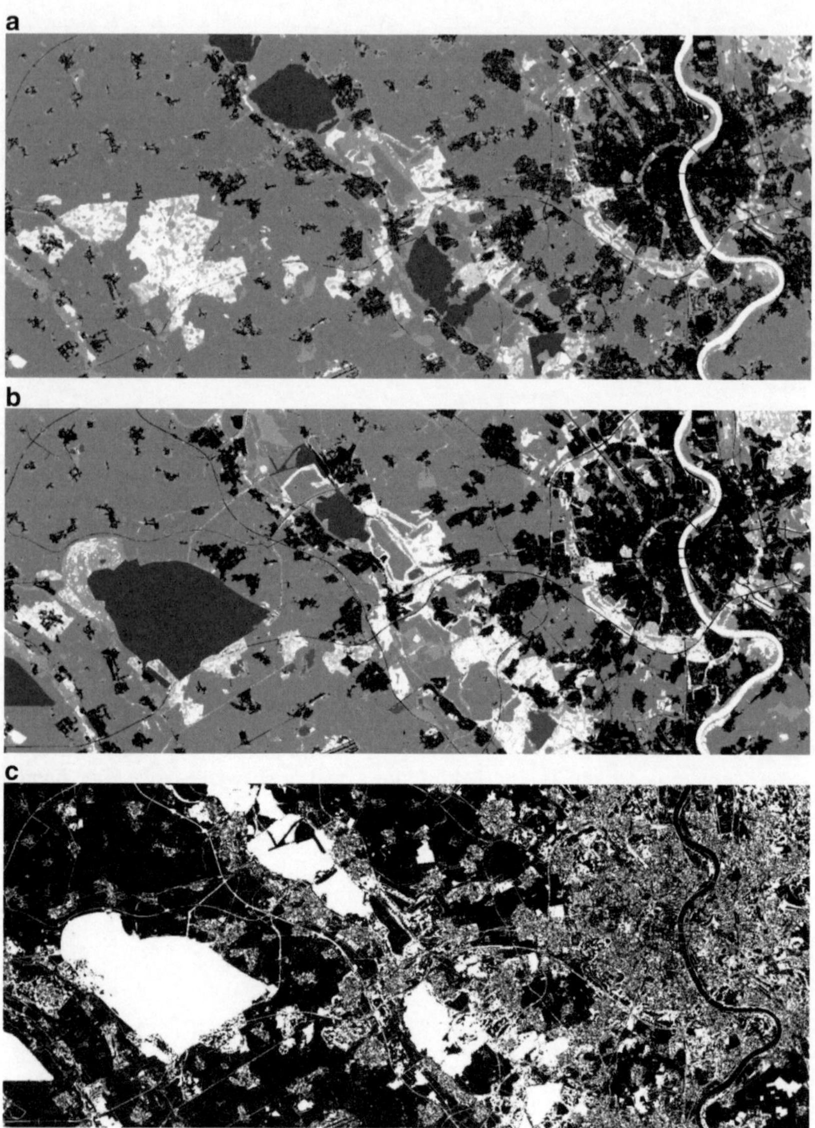

Abb. 2.3 Landbedeckungs- und Landnutzungsklassifikation für Teile des Rheinischen Braunkohlereviers und Köln für (**a**) 1975 und (**b**) 2015. Die veränderten Gebiete sind in (**c**) weiß dargestellt. Der Ausschnitt umfasst ca. 50×21 km^2

Eine Zukunft, drei Perspektiven – räumlich explizite Prognose des Flächenverbrauchs für die Metropolregion Rheinland 2030

3

Der Flächenverbrauch und die damit verbundenen ökologischen Probleme stellen in Deutschland eine noch nicht gelöste Herausforderung dar. Selbst in schrumpfenden Regionen ist eine flächenhafte Ausweitung von Siedlungs- und Verkehrsflächen in das städtische Umland hinein (engl. „urban sprawl") zu beobachten. Die Landnutzungsmodellierung kann Aufschlüsse über Prozesse, Ursachen und Folgen des Stadtwachstums im sozialen wie ökologischen Bereich geben. Es gibt vielerlei Arten von Modellen zur Simulation urbaner Landnutzungsänderungen und viele Typologien. Räumlich-explizite Modelle simulieren das zukünftige städtische Muster häufig auf Basis klassifizierter Satellitendaten. Zelluläre Automaten (engl. „cellular automata" – CA) sind typische „bottom-up"-Modelle. Sie fassen Städte als Systeme auf und versuchen in ihrem Modellansatz deren Komplexität zu erfassen. Sie fokussieren räumliche Einheiten und modellieren mithilfe des räumlichen Ausgangsmusters, von Nachbarschaftsbeziehungen und einfacher Transformationsregeln.

Für die vorliegende Untersuchung des Flächenverbrauchs in der Metropolregion Rheinland wurde der Zelluläre Automat SLEUTH angewandt. Das Modell wurde 1996 an der University of California in Santa Barbara (USA) entwickelt und seitdem weltweit auf zahlreiche Städte zur Beantwortung unterschiedlicher Fragestellungen angewendet (Chaudhuri und Clarke 2013; Jat et al. 2017). Als Datenbasis dienten die in Abb. 2.1 präsentierten Landnutzungskarten. SLEUTH genügt bereits die binäre Variante der Datensätze mit einer räumlichen Auflösung von 100 m, die zwischen versiegelten und nicht-versiegelten Flächen unterscheidet. Zur Kalibrierung des CA wurden Klassifikationen der Jahre 2010 und 2015 herangezogen. SLEUTH ist im Kern ein urbanes Wachstumsmodell. Der Name steht als Akronym für die wichtigsten Inputdaten des Modells: Slope (Hangneigung), Land Use (Landnutzung), Exclusion (Ausschluss), Urban Extent (Siedlungsfläche), Transportation (Verkehrsfläche), Hillshade (Schummerung). Unter der Rubrik Exclusion sind diejenigen

© Springer Fachmedien Wiesbaden GmbH 2018
A. Rienow et al., *Flächenverbrauch in der Metropolregion Rheinland 1975–2030*, essentials, https://doi.org/10.1007/978-3-658-20399-3_3

Gebiete gemeint, die nicht für ein Wachstum der Siedlungs- und Verkehrsfläche in Betracht zu ziehen sind (z. B. Naturschutzgebiete). Fünf Wachstumskoeffizienten steuern die vier Wachstumsregeln des CA. Hierzu gehören das spontane Wachstum, welches das scheinbar zufällige Entstehen neuer Siedlungsflächen simuliert, das Wachstum an neuen Siedlungskernen, das flächenhafte (nach außen gerichtete) Randwachstum und das spezifische, straßenbeeinflusste Wachstum (Abb. 3.1).

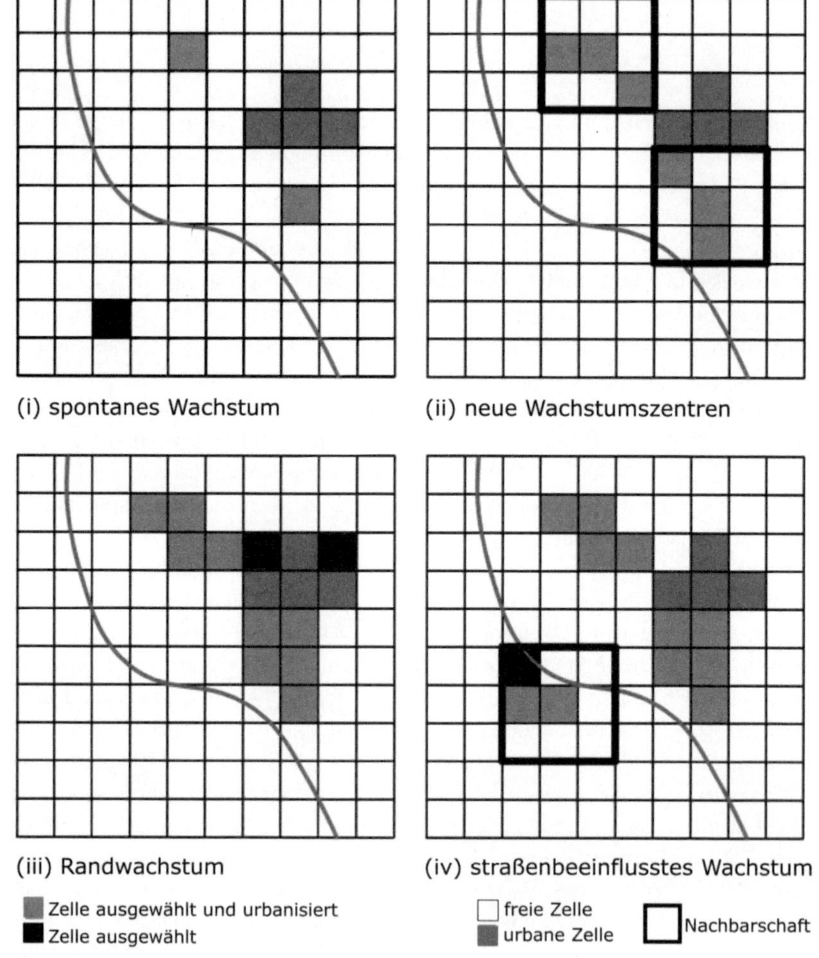

Abb. 3.1 Wachstumsregeln eines Simulationszyklus von SLEUTH. (Verändert nach Clarke et al. 1997)

Die Kalibrierung des Modells ist notwendig, um die einzelnen Wachstumskoeffizienten von SLEUTH aufeinander abzustimmen und das Volumen der zu verteilenden Siedlungsflächen zu berechnen. Nach der Kalibrierung ist es möglich, verschiedene Szenarien zum Flächenverbrauch zu implementieren. Als Basisjahr dient das Jahr 2015 (Abb. 2.1d). Als Zieljahr der räumlich expliziten Modellierung wurde das Jahr 2030 bestimmt. Es liegt damit eine Dekade nach dem ursprünglich genannten Jahr zur Erreichung des 30-ha-Ziels und bietet somit die Möglichkeit aufzuzeigen, wie die Metropolregion Rheinland aussähe, wenn dieses Ziel erreicht würde, und vor allem, wie sich das Landschaftsmuster verändern würde, wenn dieses Ziel nicht erreicht würde (Baron und Dross 2016). Für die Prognose des Flächenverbrauchs wurden drei Szenarien angenommen:

- Szenario A: „Nachhaltige Entwicklung". Das 30-ha-Ziel ist in der Kommunalplanung, der Wirtschaft und der Bevölkerung angekommen. Die Innenentwicklung von Brachflächen und Baulücken haben Vorrang vor der Außenentwicklung. Platzsparender Geschosswohnungsbau wird fokussiert, der Bau flächenintensiver Eigenheime reduziert. Das Mobilitätsverhalten der Bewohner verlagert sich vom mobilen Individualverkehr hin zum ÖPNV. Politische und ökonomische Instrumente (Abschaffung der Eigenheimförderung, Modifikation der Pendlerpauschale, kommunaler Finanzausgleich) greifen.
- Szenario B: „Business as usual". Der Flächenverbrauch vollzieht sich weiter wie in der Vergangenheit. Nach kurzfristiger Abnahme des Flächenverbrauchs zu Beginn des Jahrtausends ist die Tendenz des Flächenverbrauchs aufgrund von wirtschaftlichen Entwicklungen wieder stark ansteigend. Prozesse der innerstädtischen Verdichtung finden parallel zur Neuausweisung von Freiflächen außerhalb des Stadtkerns statt. Innerhalb der Siedlungsflächen sind die Nutzungen zu fast gleichen Teilen auf Gewerbe und Wohnen verteilt. Auf einem Großteil der Wohnflächen werden Ein- und Zweifamilienhäuser errichtet. Nur ein Zehntel entfällt auf den Neubau von Mehrfamilienhäusern.
- Szenario C: „Wunsch nach Wohnen im Grünen". Der Flächenverbrauch wächst wieder an. Grund dafür ist eine gesteigerte Zunahme des Baus von Ein- und Zweifamilienhäusern mit entsprechender infrastruktureller Versorgung. Der Anteil von Außenwachstum gegenüber innerstädtischer Verdichtung nimmt noch einmal zu. Die „Grüne Wiese" ist bevorzugter Standort für den Bau von Fachmärkten und Logistikzentren. Eine Kirchturmpolitik der Kommunen führt wiederum zur gesteigerten Neuausweisung von Gewerbegebieten am Stadtrand. Die Alterung der Bevölkerung führt zu Remanenzeffekten und die Singularisierung der Gesellschaft zu Einpersonenhaushalten; die Nachfrage nach Wohnraum steigt.

Abb. 3.2 zeigt die Ergebnisse der Modellierung für das Jahr 2030. Die Quantität von neu in Anspruch genommenen Flächen oszilliert in den drei Szenarien von 29.200 bis 79.000 ha. Dies würde einen täglichen Flächenverbrauch von ca. 5, 10 und 15 ha bedeuten. Bereits beim „business as usual" würde die 300.000 ha-Marke überschritten werden. Im Szenario „Nachhaltige Entwicklung" würde sich also die Inanspruchnahme von Fläche in der Metropolregion Rheinland um 3 ha täglich reduzieren, im entgegengesetzten Extrem-Szenario „Wohnen im Grünen" dagegen fast verdoppeln. Die Karte in Abb. 3.2 ist so zu lesen, dass alle Flächen in Szenario A auch in den anderen Szenarien in Anspruch genommen werden würden. Die Flächen in Szenario B (gelb) würden dazu kommen und ebenfalls Teil von Szenario C sein. Das Modell verortet in Szenario C also die meisten Siedlungsflächen. Zu beachten ist, dass Zelluläre Automaten nur einen Ausblick dessen geben, was eintreten könnte, nicht aber zwingend eintreten muss. Das Ergebnis macht eine Grundtendenz sichtbar, die sich in allen Szenarien widerspiegelt: der zukünftige Siedlungsflächenzuwachs führt zunächst zu einer Verdichtung bestehender Siedlungskörper. Betrachtet man die Distanz, mit der neue Siedlungsflächen von bestehenden verortet worden sind, so wird dieser Befund

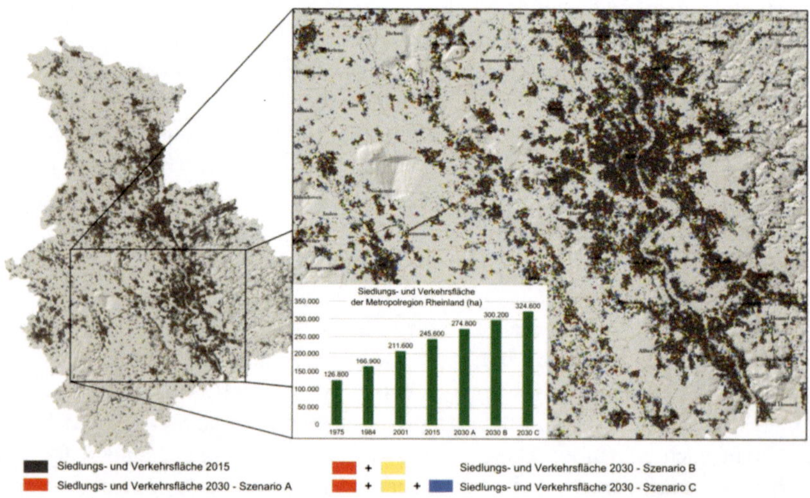

Abb. 3.2 Modellierung des Flächenverbrauchs der Metropolregion Rheinland zum Jahr 2030 in den Szenarien „Nachhaltige Entwicklung" (A), „Business as usual" (B) und „Wunsch nach Wohnen im Grünen" (C) mit Blick auf die südliche Rheinschiene und ihr Umland. (Eigene Darstellung)

unterstrichen. Zusätzlich spielt sich die Entwicklung von neuen städtischen Flächen ebenfalls im sub- und exurbanen Raum ab und führt zu dispersen Mustern. Im nächsten Schritt könnte man die Modellierung des Flächenverbrauchs mit einer Prognose zur Entwicklung der Landoberflächentemperatur koppeln, um zu verdeutlichen, warum es so wichtig ist, einen nachhaltigen Umgang mit der Ressource „Fläche" zu pflegen und sich dem Diskurs der Klimaanpassung anzuschließen. Die Verdichtung existierender städtischer Strukturen ist gegenüber der Erschließung neuer Flächen zu begrüßen, da so Wald- und Landwirtschaftsflächen in größeren Einheiten erhalten bleiben können. Allerdings sorgt die zunehmende Verdichtung in den Städten für neue Herausforderungen, insbesondere hinsichtlich stadtklimatischer und logistischer Auswirkungen.

Landschaftsverbrauch und Klimaanpassung: der Blick über die Metropolregion hinaus

4

Aufgrund des derzeit beobachtbaren Klimawandels betrifft das Themenfeld Flächenverbrauch und Landschaftsstrukturwandel insbesondere den dicht besiedelten Raum und verlangt nach Maßnahmen zur Erhöhung der Resilienz. An den klassifizierten Satellitendaten (Abb. 2.1 und 2.3) wird sehr gut deutlich, wie sich die Siedlungsstruktur, die Bebauungsdichte und auch die Grünstruktur in den letzten Jahrzehnten verändert haben. Das sieht man unter anderem, wenn man sich die Siedlungsentwicklung in der Rheinschiene zwischen Köln und Düsseldorf anschaut, wo die Freiräume stetig schrumpfen. Würde man in die einzelnen Stadtviertel und Straßenzüge hineinzoomen, ließen sich weitere Zusammenhänge zwischen der Gestaltung der Landoberfläche und dem Mikroklima herstellen, wie beispielsweise zu Durchlüftung und Frischluftzufuhr, Wärmeentwicklung, Hochwasser und der Versickerungsfähigkeit von Niederschlägen. So sind Bereiche mit hohem Versiegelungsanteil eher gefährdet, Wärmeinseln zu entwickeln, als durchgrünte Quartiere. Das liegt vorrangig an der Wärmespeicherung dunkler Asphaltflächen, an fehlender Abkühlung, wie sie durch Grün- oder Wasserflächen erfolgen würde, an einer eingeschränkten Luftzu- bzw. -abfuhr aufgrund der dichten Bebauung und natürlich an anthropogenen Emissionen. Auch wenn man sich an manchen Tagen sicherlich darüber freuen mag, wenn es in den Häuserschluchten etwas windstiller und wärmer ist als auf dem freien Feld, führt die Entwicklung solcher Wärmeinseln insbesondere im Sommer zu Problemen – sei es mit Blick auf die Gesundheit, den Wasserhaushalt oder veränderte Vegetationsbedingungen. Die Verknüpfung der Landbedeckungskarten mit den Landoberflächentemperaturtrends steigert die Aussagekraft und eröffnet neue Handlungsmöglichkeiten (Abb. 2.1e). So erkennt man an den Daten, welche Orte zwar den gleichen Versiegelungsgrad haben, sich aber trotzdem bezogen auf ihr Mikroklima unterscheiden. Dann gilt es, genauer hinzuschauen und Lösungen abzuleiten. Solche Lösungen können in der Ausrichtung, der Höhe oder der

© Springer Fachmedien Wiesbaden GmbH 2018

19

A. Rienow et al., *Flächenverbrauch in der Metropolregion Rheinland 1975–2030*, essentials, https://doi.org/10.1007/978-3-658-20399-3_4

Gestaltung der Gebäude liegen oder auch in der Fassadenbegrünung und der Dämmung, um nur einige zu nennen.

Um diese Lösungen mit den Bebauungsanforderungen in Einklang zu bringen und neue Planungen möglichst klimaverträglich zu gestalten, verfügen einige Städte bereits über stadtklimatologische Karten, die nicht nur über den Status quo Aussagen machen, sondern auch Prognosen wagen. Auch wenn dies sicherlich wertvolle Planungsgrundlagen sind, müssen sie nicht zwangsläufig vorliegen, um die ersten Schritte in Richtung Resilienz zu gehen. Viele Maßnahmen können bereits ohne detaillierte Klimaprognosen in Angriff genommen werden. Dabei sind keinesfalls nur Verwaltung und Politik in der Pflicht, sondern auch andere lokale Akteure – wie Hausbesitzer/innen, Wohnungsbaugesellschaften und Unternehmen. Sie alle haben vielfältige Möglichkeiten.

Um die vorhandenen Potenziale auszuschöpfen und die individuelle Handlungsbereitschaft zu wecken, ist es erst einmal sinnvoll, ein Bewusstsein für den Klimawandel und den damit einhergehenden Anpassungsbedarf zu schaffen. Das muss nicht nur über Messungen geschehen, sondern kann auch über Beobachtungen erfolgen. Auch hier können Satellitendaten zur bildlichen Veranschaulichung wertvolle Dienste leisten, um sich einen Überblick zu verschaffen – ergänzt um Klimadaten, die lokal frei zugänglich sind. Ein weiteres Beispiel neben den bereits erwähnten Wärmeinseln, bildet hier ein Blick auf Flüsse und Bäche. Gerade von Hochwasser sind in den letzten Jahren u. a. aufgrund des Klimawandels zunehmend neben den Flüssen auch harmlos wirkende Bäche betroffen. Während bei größeren Flüssen eine Vielzahl von Ursachen zum Hochwasser führen kann, sind Bäche mit lokalen Zuflüssen deutlich besser geeignet, um Wirkungszusammenhänge zu erkennen und Bewusstsein zu schaffen.

Da der Komplex der Klimaanpassung ebenso wie der Komplex der Siedlungsentwicklung sehr sperrig zu vermitteln ist, bilden kleinräumige Veränderungsmöglichkeiten wie z. B. eine Bachrenaturierung gut geeignete Ansatzpunkte, um individuelle und lokale Handlungsmöglichkeiten aufzuzeigen. Zudem wird durch die Einbeziehung der Bürgerinnen und Bürger zusätzliches kreatives Potenzial für lokale Herausforderungen geweckt, das sich keine Stadt entgehen lassen sollte. Auch Städte der Metropolregion Rheinland haben sich hier bereits auf den Weg gemacht. So entwickelt die Stadt Bonn beispielsweise im Projektverbund mit den Universitäten Bonn und Bochum sowie dem Wissenschaftsladen Bonn im aktuellen Projekt „Stadt und Land im Fluss" praktische Maßnahmen und Handlungsleitlinien, um Akteure auf allen Ebenen einzubeziehen (www.klimalandschaften-nrw.de).

Ausblick 5

Die Metropolregion Rheinland ist hier nur ein Beispiel von vielen, sodass die Beobachtungen auf zahlreiche Regionen in Nordrhein-Westfalen und Deutschland übertragbar sind.

Insgesamt ist es erfolgversprechend, kurzfristig und langfristig umsetzbare Lösungen gekoppelt in den Blick zu nehmen, ebenso wie solche mit lokaler und mit regionaler Wirkung. Die Entwicklung und Umsetzung kleinräumiger Lösungen zum Umgang mit dem Klimawandel schafft Verständnis und Bewusstsein und bietet auf diese Weise eine gute Basis für politisches Handeln. Da ist ganz zu vorderst sicherlich die Bauleitplanung in der Pflicht, wie es ja auch in vielen lokalen Klimaanpassungskonzepten nachzuvollziehen ist. Hier können seitens von Politik und Verwaltung Vorgaben für neu geplante und gebaute Gebäude gegeben werden, die sich an den Erkenntnissen orientieren, die über Fernerkundungsdaten und Klimamodelle gemacht wurden. Gerade die nach außen orientierte Siedlungsentwicklung der letzten Jahrzehnte wird über den Blick auf die klassifizierten Satellitenbilder von 1975 und 2015 (Abb. 2.1) erschreckend gut sichtbar. Auch wenn viele Kommunen mittlerweile die Vorgabe haben, die Innenentwicklung gegenüber der Außenentwicklung zu bevorzugen, ist die Zunahme der neu bebauten Flächen immer noch hoch – insbesondere, wenn man die Flächeninanspruchnahme pro Kopf betrachtet.

Aber die Bauleitplanung ist nicht die einzige Stellschraube, um die Siedlungsentwicklung auf die Herausforderungen des Klimawandels auszurichten. Auch Veränderungen bei Bestandsimmobilien können wertvolle und oft kurzfristig umsetzbare Beiträge leisten. Neben den Privathäusern bieten hier Firmengelände, Logistikzentren, Gewerbe- und Industriegebiete, Immobilienkomplexe von Wohnungsbaugesellschaften oder auch kommunale Gebäude wichtige Ansatzpunkte, um im Rahmen von Begrünung oder Materialwahl wegweisend in Richtung Klimaanpassung zu agieren. Zahlreiche Beispiele und Modellprojekte zeigen, dass

© Springer Fachmedien Wiesbaden GmbH 2018   21
A. Rienow et al., *Flächenverbrauch in der Metropolregion Rheinland
1975–2030, essentials*, https://doi.org/10.1007/978-3-658-20399-3_5

hier noch erhebliches Potenzial schlummert und durchaus eine große Bereitschaft von Unternehmen, Wohnungsbaugesellschaften und kommunalen Eigenbetrieben besteht, sich an einer auf den Klimawandel ausgerichteten Umgestaltung, die nicht zuletzt auch den Bürgerinnen und Bürgern zugute kommt, zu beteiligen. Die hier beispielhaft herausgegriffenen Themen machen offensichtlich, wie wichtig es ist, sektoral orientierte Strategien (z. B. Klimaschutzkonzept, Biodiversitätskonzept, Flächenmanagement) miteinander zu verzahnen. Eine Verknüpfung könnte u. a. durch eine regelmäßige Nachhaltigkeitsberichterstattung auf kommunaler Ebene erfolgen. Umfragen der Landesarbeitsgemeinschaft Agenda 21 NRW e. V. (LAG 21 NRW) zeigen, dass nur wenige Kommunen diese Möglichkeit bisher nutzen (Reuter und Breyer 2008). Aber diejenigen, die sich die Arbeit einer Berichterstattung und noch besser die Arbeit eines kontinuierlichen Verbesserungsprozesses machen, können nachweisbar kurz-, mittel- und langfristige Erfolge verzeichnen. Kommunen, die sich ernsthaft mit dieser Thematik beschäftigen möchten, finden beispielsweise Unterstützung in einer Fortbildung zur/zum kommunalen Klima- und Flächenmanager/in, die vom Bildungszentrum für die Ver- und Entsorgungswirtschaft (BEW) angeboten wird und überwiegend online stattfindet. Das Ministerium für Umwelt, Landwirtschaft, Natur- und Verbraucherschutz NRW unterstützt diesen Qualifizierungsansatz und finanziert für die nordrhein-westfälischen Kommunen die Teilnahme an diesem Lehrgang, der mit einem Zertifikat abschließt.

Was Sie aus diesem *essential* mitnehmen können

- Dass die neu gegründete Metropolregion Rheinland als Modell für andere Regionen Deutschlands betrachtet werden kann,
- dass der Flächenverbrauch selbst im Szenario „Nachhaltigkeit" kontinuierlich voranschreitet und somit ein gutes Flächenmanagement großen Einfluss auf eine wirkungsvolle Klimaanpassung haben kann,
- dass verdichtete Siedlungsräume im Vergleich zum Umland durch eine starke Aufheizung gekennzeichnet sind,
- mit welchen Themen und Maßnahmen das Interesse lokaler Akteure für Flächen- und Klimamanagement geweckt werden kann.

© Springer Fachmedien Wiesbaden GmbH 2018

A. Rienow et al., *Flächenverbrauch in der Metropolregion Rheinland 1975–2030*, essentials, https://doi.org/10.1007/978-3-658-20399-3

Literatur

Baron, M., & Dross, M. (2016). Fläche sparen trotz Wohnungsnot: Geht das? – Das 30-Hektar-Ziel der Bundesregierung steht unter Druck. *Umwelt aktuell, 6,* 2–3.

Bezirksregierung Düsseldorf und Bezirksregierung Köln. (Hrsg.). (2016). *Metropolregion Rheinland Datenatlas 2016.* Düsseldorf: Bezirksregierung.

BMUB (Bundesministeriums für Umwelt, Naturschutz, Bau und Reaktorsicherheit). (2017). Reduzierung des Flächenverbrauchs. http://www.bmub.bund.de/themen/strategien-bilanzen-gesetze/nachhaltige-entwicklung/strategie-und-umsetzung/reduzierung-des-flaechenverbrauchs/. Zugegriffen: 22. Sept. 2017.

Breiman, L. (2001). Random forests. *Machine Learning, 45,* 5–32.

Buckreuss, S., Werninghaus, R., & Pitz, W. (2009). The German satellite mission TerraSAR-X. *IEEE Aerospace and Electronic Systems Magazine, 24*(11), 4–9.

Chaudhuri, G., & Clarke, K. C. (2013). The SLEUTH land use change model: A review. *International Journal of Environmental Resources Research, 1*(1), 88–104.

Clarke, K. C., Hoppen, S., & Gaydos, L. (1997). A self-modifying cellular automaton model of historical urbanization in the San Francisco Bay area. *Environment and Planning B: Planning and Design, 24,* 247–262.

Drusch, M., Del Bello, U., Carlier, S., Colin, O., Fernandez, V., Gascon, F., Hoersch, B., Isola, C., Laberinti, P., Martimort, P., Meygret, A., Spoto, F., Sy, O., Marchese, F., & Bargellini, P. (2012). Sentinel-2: ESA's optical high-resolution mission for GMES operational services. *Remote Sensing of Environment, 120,* 25–36.

Eumetsat. (2016). Two generations of active Meteosat satellites, Meteosat First Generation (MFG) and Meteosat Second Generation (MSG), providing images of the full earth disc, and data for weather forecasts. http://www.eumetsat.int/website/home/Satellites/CurrentSatellites/Meteosat/index.html. Zugegriffen: 6. Nov. 2017.

Forkel, M., Carvalhais, N., Verbesselt, J., Mahecha, M. D., Neigh, C., & Reichstein, M. (2013). Trend change detection in NDVI time series: Effects of inter-annual variability and methodology. *Remote Sensing, 5*(5), 2113–2144.

Forkel, M., Migliavacca, M., Thonicke, K., Reichstein, M., Schaphoff, S., Weber, U., & Carvalhais, N. (2015). Co-dominant water control on global inter-annual variability and trends in land surface phenology and greenness. *Global Change Biology, 21*(9), 3414–3435.

© Springer Fachmedien Wiesbaden GmbH 2018

A. Rienow et al., *Flächenverbrauch in der Metropolregion Rheinland 1975–2030, essentials,* https://doi.org/10.1007/978-3-658-20399-3

Hauger, G. (2001). Ökologische Bewertung der Flächeninanspruchnahme durch Verkehrs-infrastruktur. In Umweltbundesamt Österreich (Hrsg.), *Versiegelt Österreich? Der Flächenverbrauch und seine Eignung als Indikator für Umweltbeeinträchtigungen* (S. 53–62). Wien: Umweltbundesamt.

Hoymann, J., & Goetzke, R. (2014). Die Zukunft der Landnutzung in Deutschland – Darstellung eines methodischen Frameworks. *Raumforschung und Raumordnung, 72*(3), 211–225.

Irons, J. R., Dwyer, J. L., & Barsi, J. A. (2012). The next Landsat satellite: The Landsat data continuity mission. *Remote Sensing of Environment, 122,* 11–21.

Jat, M. K., Choudhary, M., & Saxena, A. (2017). Urban growth assessment and prediction using RS, GIS and SLEUTH model for a heterogeneous urban fringe. *The Egyptian Journal of Remote Sensing and Space Science.* 10.1016/j.ejrs.2017.02.002.

Kannellakis, C., & Nikolakopoulos, G. (2017). Survey on computer vision for UAVs: Current developments and trends. *Journal of Intelligent & Robotic Systems, 87*(1), 141–168.

Kronberg, P. (1985). *Fernerkundung der Erde: Grundlagen und Methoden des Remote Sensing in der Geologie.* Stuttgart: Enke.

NASA LP DAAC (Land Processes Distributed Active Archive Center). (2016). MODIS products table. https://lpdaac.usgs.gov/dataset_discovery/modis/modis_products_table. Zugegriffen: 21. Sept. 2017.

NASA LP DAAC. (2017). MOD11A2: *MODIS/Terra Land Surface Temperature and Emissivity 8-Day* L3 Global 1 km Grid SIN, Version 6. NASA EOSDIS Land Processes DAAC, USGS Earth Resources Observation and Science (EROS) Center, Sioux Falls, South Dakota. https://lpdaac.usgs.gov/, 10.5067/MODIS/MOD11A2.006. Zugegriffen: 5. Okt. 2017.

R Core Team. (2017). R: A language and environment for statistical computing. R foundation for statistical computing, Vienna, Austria. https://www.R-project.org/. Zugegriffen: 21. Sept. 2017.

Reuter, K., & Breyer, K. (Hrsg.). (2008). *Flächenmanagement als partizipativer Prozess einer nachhaltigen Stadtentwicklung – Dokumentation.* Schwerte: Landesarbeitsgemeinschaft Agenda 21 NRW e. V. http://www.flaechenportal.nrw.de/fileadmin/user_upload/2008_LAG21NRW_Flaechenmanagement_Modellprojekt_I_Dokumentation.pdf.